新时代乡村振兴丛书

郑洲翔　刘德浩◎主编

橙黄玉凤花
栽培技术彩色图说

U0754688

SPM 南方传媒
广东科技出版社
全国优秀出版社
· 广州 ·

图书在版编目（CIP）数据

橙黄玉凤花栽培技术彩色图说 / 郑洲翔，刘德浩
主编. -- 广州：广东科技出版社，2025. 5. --（新时代
乡村振兴丛书）. -- ISBN 978-7-5359-8446-3

Ⅰ. S682.31-64

中国国家版本馆CIP数据核字第2025BP8216号

橙黄玉凤花栽培技术彩色图说
Chenghuangyufenghua Zaipei Jishu Caise Tushuo

出 版 人：严奉强
责任编辑：尉义明
装帧设计：柳国雄
责任校对：李云柯
责任印制：彭海波　林记松
出版发行：广东科技出版社
　　　　　（广州市环市东路水荫路11号　邮政编码：510075）
销售热线：020-37607413
https://www.gdstp.com.cn
E-mail：gdkjbw@nfcb.com.cn
经　　销：广东新华发行集团股份有限公司
排　　版：创溢文化
印　　刷：广州市东盛彩印有限公司
　　　　　（广州市增城区新塘镇上邵村第四社企岗厂房A1　邮政编码：510700）
规　　格：889 mm×1 194 mm　1/32　印张2　字数52千
版　　次：2025年5月第1版
　　　　　2025年5月第1次印刷
定　　价：20.00元

《橙黄玉凤花栽培技术彩色图说》
编委会

主　编：郑洲翔　刘德浩

编　委：（按姓氏音序排列）

陈智涛　何丽萍　廖文莉　刘彩琴

刘德浩　刘　舒　张　粤　郑洲翔

　　橙黄玉凤花花形优美，花色新奇。山风轻轻吹拂时，盛开的花朵好似飞行的飞机，十分有趣。其实橙黄玉凤花是古生代泥盆纪时代的子遗植物，不仅具有极高的观赏价值和药用价值，还对植物学有着极其重要的科研意义，已被列入《濒危野生动植物种国际贸易公约》（CITES）Ⅱ级。

　　橙黄玉凤花在我国分布较为广泛，江西、福建、湖南、广东、香港、海南、广西、贵州（榕江）均有分布；另外，越南、老挝、柬埔寨、泰国、马来西亚、菲律宾也有分布。生长于海拔300～1 500 m的山坡或沟谷林下阴处地上，亦或是岩石覆土中。

　　长期以来，人们过度采挖橙黄玉凤花野生资源，且只挖不栽，加上原生境遭破坏，致使橙黄玉凤花资源在我国已日渐枯竭。目前，我们对其研究和保护工作才起步，而在泰国已经开发了多种花色、花形的橙黄玉凤花新品种，并实现了商品化生产与上市。

　　为了更好地保护和利用这一资源，本书就橙黄玉凤花的资源、花色、人工繁殖、无土栽培、根部菌根真菌、高产栽培等情况进行阐述，让广大读者对其有进一步了解，并为其人工和野外栽培提供参考。本书作为"新时代乡村振兴丛书"之一，用规范、通俗、易懂的方式，将相关产业中的创新实用技术、经验方法呈现给读者。

　　本书的出版得到2020年广东省省级生态公益林效益补偿资金省统筹经费项目"桉树林地改种橙黄玉凤花等药用植物技术研究与示

范"的资助。编写过程中，广东象头山国家级自然保护区康宁为本书提供了丰富的资料及照片，在此表示感谢。本书文字部分由郑洲翔编写，刘德浩负责调查及数据修正，陈智涛参与野外数据调查，其他编委成员负责文本校对等工作。

编　者

2025年1月

第一章
橙黄玉凤花概述

一、形 态 特 征

橙黄玉凤花是一种具有观赏价值和药用价值的植物，属于兰科玉凤花属多年生草本植物（图1-1）。植株可高达35 cm；块茎长圆形；茎下部具4～6叶，其上具1～3小叶；叶线状披针形或近长圆

图1-1　橙黄玉凤花植株

形，长10～15 cm，基部抱茎。花序疏生2～10余花，花茎无毛；苞片卵状披针形，长1.5～1.7 cm；子房无毛，连花梗长2～3 cm；萼片和花瓣绿色，唇瓣红色、橙红色或橙黄色；中萼片近圆形，凹入，长约9 mm，侧萼片长圆形，长0.9～1 cm，反折，花瓣直立，匙状线形，长约8 mm，宽约2 mm，与中萼片靠合呈兜状；唇瓣前伸，卵形，长1.8～2 cm，最宽处约1.5 cm，4裂，具短爪，侧裂片长圆形，长约7 mm，开展，中裂片2裂，裂片近半卵形，长约4 mm，先端斜平截；花距细圆筒状，下垂，长2～3 cm，径约1 mm，末端常上弯。蒴果纺锤形，长约1.5 cm，有喙；果柄长约5 mm。

二、玉凤花属植物分类

玉凤花属在分类学上归类为单子叶植物纲兰目兰科玉凤兰亚族，是兰科植物中种类最多的属之一，约有873种。几乎全球各气候区都有它们的身影，主要分布于热带和亚热带地区。这些植物通常生长在林中、草甸、草丛或岩石上，有些种类具有很好的药用价值。

例如，在印度*Habenaria edgeworthii* Hook. f. ex Collett是印度民间很著名的一种草药，生长在喜马拉雅山脉海拔1 800～2 800 m的山地，有保健、提高免疫力和提升机体机能的作用。由于其资源短缺，目前已开展了组织培养及药用价值评估的研究。

在我国鹅毛玉凤花［*Habenaria dentate* (Sw.) Schltr］为珍贵的药用植物（图1-2），俗名双肾子、双肾参，以块茎入药，具有补肺肾、利尿等功能，主治肾虚腰痛、病后体虚、肾虚阳痿、肺结核咳嗽、睾丸炎及尿路感染等。陈娅娅等（2008）开展了鹅毛玉凤花的胚培养、组织培养及共生真菌的研究，为人工繁殖奠定了基础。

图1-2　鹅毛玉凤花

橙黄玉凤花块茎入药，具有清热解毒、活血止痛的功效，主治肺热咳嗽、疮疡肿毒、跌打损伤（图1-3）。

图1-3　橙黄玉凤花植株及花

禄劝玉凤花（*Habenaria luquanensis* G. W. Hu）是2015年发现的一个新种，在云南省禄劝县发现，其叶片圆而肥大，花瓣纤细飘逸（图1-4）。

图1-4　禄劝玉凤花

美杜莎玉凤花（*Habenaria medusa* Kraenzl.）十分罕见，主要分布在我国云南地区，其花瓣造型奇异，花瓣如针尖，围成一圈，既像是翩翩起舞的裙摆，又像是展翅飞翔的鸟儿，还像美杜莎的头发一样，因此得名"美杜莎玉凤花"（图1-5）。

图1-5　美杜莎玉凤花

三、药用价值

橙黄玉凤花入药部位为块茎（图1-6）。在《新华本草纲要》里记载其功效同单肾草。《中华本草》里描述橙黄玉凤花味甘，性平。归入肺、肝、肾三经。有清热解毒、活血止痛的功效。可以治肺热咳嗽，还可用于疮疡肿毒及跌打损伤。用法可煎汤内服。外用则可用适量鲜品捣敷。

图1-6　橙黄玉凤花块茎

四、观赏价值

兰花作为拥有众多粉丝的类群，以多姿多彩的形态吸引科研工作者、收藏者、爱好者用图片或文字记录它们的美。尽管人们在不断地发现它们、记录它们，但是每当观赏它们的时候，还是会不断发出惊叹的赞美。橙黄玉凤花就是如此吸引人（图1-7）。

进入山中调查，走在石壁下面，有时候抬头就会发现橙黄玉凤花。它开橙色的花，观赏价值高，每一朵花就像是一架正在起飞的

"小飞机"，因此被称为"飞机花"，相当贴切传神。

花朵颜色实为橙中偏红，明艳照人；唇瓣分成4裂伸展，花瓣向后延长出管状结构形成长长花距。伸展的形式就犹如一架架展翅翱翔直冲云霄的战斗机，因此也被称为"飞机兰"，它还拥有一个霸气的别称：野生植物中的"战斗机"。

橙黄玉凤花的名字主要来自其颜色，顾名思义其花朵有橙色和黄色，甚至有深红色。大多数情况下，我们遇到的都是橙色，黄色很少见，或是在众多橙色花朵中，不经意藏着几朵黄色花。深红色则是橙色加深的一种表现。

图1-7　山谷中的橙黄玉凤花

五、观赏品种

　　橙黄玉凤花在花卉市场中，以泰国产的红边玉凤兰较为著名，红色、黄色、橙色、粉色等各色花十分艳丽，已有批量产品出口到世界各地，近年来我国各大城市偶尔也可见到。2023年在泰国网站出售的各色橙黄玉凤花（图1-8），图片为培育开花的植株，仅是一株小根茎的组培苗，售价为39泰铢（约人民币9元），这个价格在花卉市场中是偏高的。

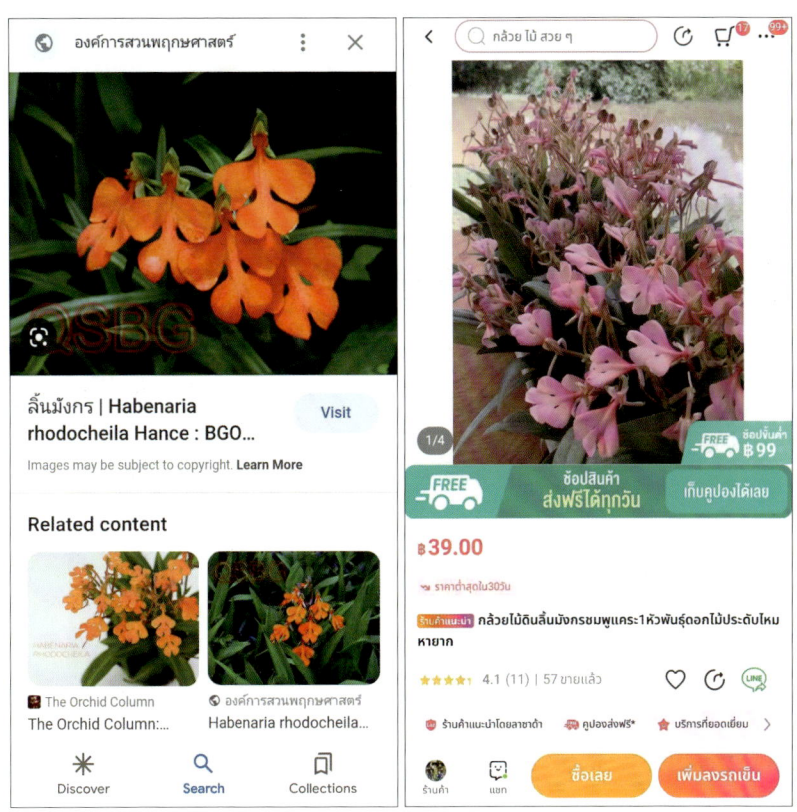

图1-8　泰国销售的橙黄玉凤花

　　2020年日本东京"世界兰展"上，多花、新花色和彩叶的橙黄玉凤花新品种在展览中闪亮登场。新品种不仅丰富了花朵颜色，叶片亦出现了斑纹，花朵数量也明显增加（图1-9）。

图1-9　2020年日本东京"世界兰展"的橙黄玉凤花新品种

第二章
橙黄玉凤花花色分析

一、花色素的构成

与玉凤花属其他植物不同，橙黄玉凤花具有鲜艳的花色，自然环境中，花朵呈橙红色、黄色或深红色。花色素通常可归为四大类：类胡萝卜素、类黄酮、生物碱类和叶绿素。那么橙黄玉凤花的花色是由哪几种物质构成的呢？

二、橙黄玉凤花花瓣色素分析

对橙红色的橙黄玉凤花花瓣色素着色位置进行显微观察（图2-1），可以初步判断该样品含有花青苷、类胡萝卜素和类黄酮。

按照类胡萝卜素和类黄酮的提取方法对样品进行初步处理，提取物有相应物质的颜色，橙黄玉凤花花瓣含有类胡萝卜素和类黄酮（花青苷属于类黄酮）物质（图2-2）。

通过全波长扫描，提取物在190～800 nm的波形图可以判断色素种类（图2-3）。若该样品在类黄酮和类胡萝卜素的特征吸收波长下有吸收峰，证明有类黄酮（包括黄酮和黄酮醇）和类胡萝卜素的存在，而花青苷的特征吸收波长下无吸收峰，说明未检测到花青苷。

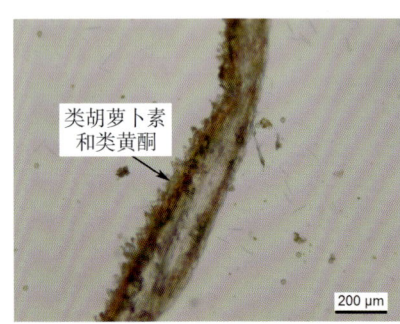

图2-1　橙黄玉凤花花瓣色素着色位置显微观察

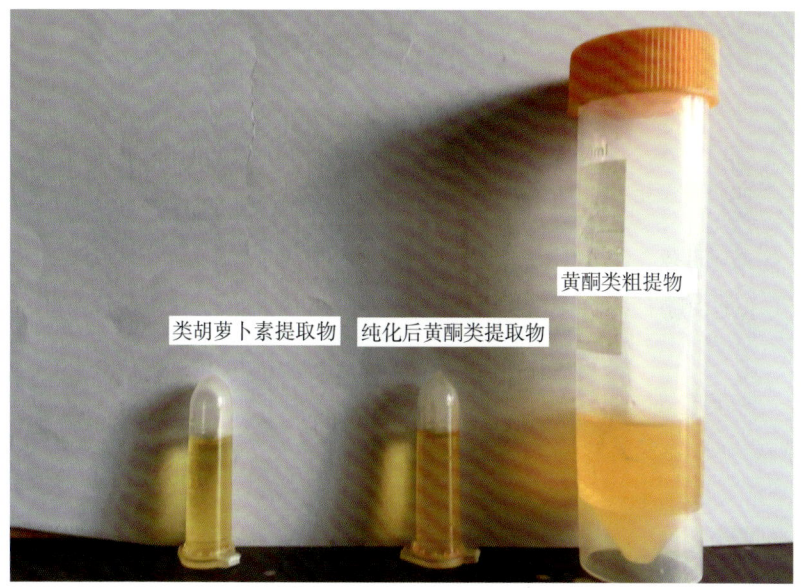

黄酮类粗提物

类胡萝卜素提取物　纯化后黄酮类提取物

黄酮类提取物（含花青苷）阳性对照

图2-2　橙黄玉凤花花瓣提取相应物

通过HPLC分析，确定类胡萝卜素的具体物质（图2-4）。通过液相色谱梯度洗脱把不同的类胡萝卜素分离开，然后与标准品的出峰时间进行比对，鉴定的类胡萝卜素成分为芦丁（lutein）。分光光度计法测定类胡萝卜素的总含量为12.5 mg/100g。

由此，橙红色橙黄玉凤花的花瓣色素种类主要由类胡萝卜素和类黄酮物质构成。其中类胡萝卜素的主要成分为芦丁，含量约为12.5 mg/100g。由于类黄酮的种类较多，分离纯化较困难，物质鉴定和含量测定需要大量的标准品，对类黄酮的具体种类和含量进行鉴定需要进一步研究。

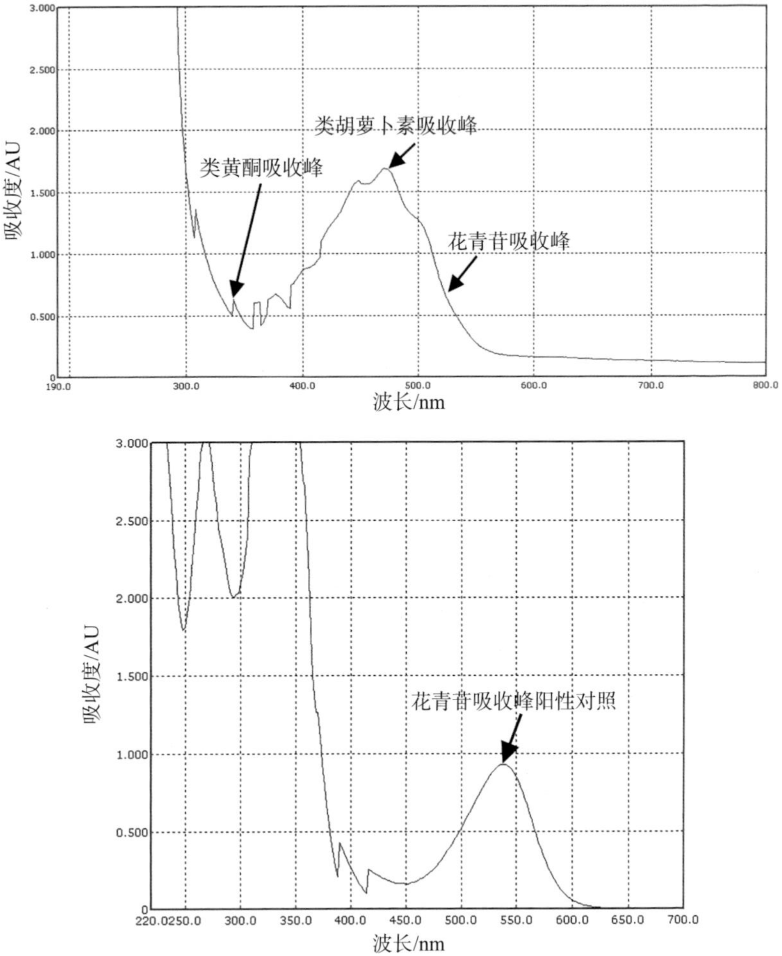

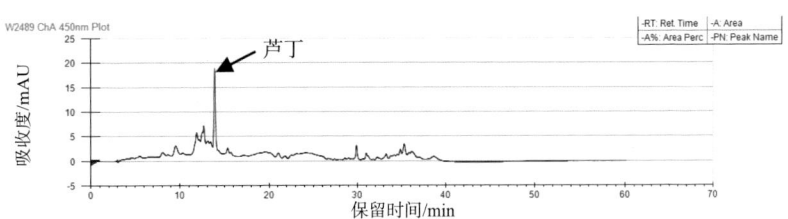

图2-3 橙黄玉凤花花瓣提取物在190～800 nm的波形

图2-4 类胡萝卜素的HPLC分析

第三章
橙黄玉凤花人工繁育

橙黄玉凤花植株生长缓慢，对生态环境要求特殊。主要以地下茎进行繁殖，一株苗在一个生长季只发生1～2个新的块茎，一个块茎仅萌发形成1棵植株，繁殖系数极低；在自然条件下，植株开花结实率低，且多发育不良，极难萌发成苗。长期以来民间均依靠采挖野生资源作为药用及观赏植物，只挖不栽，以致野外资源日渐枯竭。

橙黄玉凤花同其他兰科植物一样，由于其种子细小，胚发育不完整，因此种子繁殖较为困难。用分株的方法繁殖种苗产量也不高。利用橙黄玉凤花种子进行组织培养能有效增加植株数量和产量。

种子采收时间为蒴果成熟尚未开裂的时期。具体特征为蒴果果荚为绿色，而种子部分呈褐色（图3-1）。组织培养温度（25±2）℃，光照强度1 500～2 000 lx，每天光照时间10～12小时。

图3-1　橙黄玉凤花蒴果

一、种子消毒处理

　　将采集的橙黄玉凤花蒴果，先用75%乙醇浸泡30秒，再用0.1%升汞浸泡15分钟（表3-1），然后用无菌水冲洗5～6次，最后用无菌滤纸吸干表面水分。

表3-1　不同消毒时间对种子的影响

消毒时间/min	接种数（蒴果）/个	污染数/个	污染率/%
5	30	24	80
10	30	18	60
15	30	3	10
20	30	3	10

注：表中数值为3次重复的平均值，他表同。

二、种子萌发

　　以1/2MS为基本培养基，添加活性炭。橙黄玉凤花种子在没有活性炭的培养基中不萌发，而在添加0.2%活性炭的培养基中萌发率高达80%（表3-2，图3-2），活性炭对种子萌发起决定性作用。

表3-2　活性炭浓度对种子萌发的影响

活性炭/（mg·L^{-1}）	萌发数（蒴果）/个	萌发率/%
0	0	0
2	24	80

图3-2　撒播于含活性炭的培养基上的种子

萘乙酸（NAA）能促进种子萌发和原球茎发育（图3-3）。NAA浓度为0.2～0.5 mg/L时，种子萌发的数量和原球茎质量都明显提高。NAA浓度由0.5 mg/L升至1.0 mg/L时，种子萌发数量、原球茎的粒径和白色茸毛数量都减少，胚发育的活性减弱（表3-3）。NAA浓度为0.2～0.5 mg/L较合适。因此，1/2MS+0.2～0.5 mg/L NAA+0.2%活性炭为最佳种子萌发培养基。

图3-3　萌发培养基萌发情况

表3-3　NAA浓度对种子萌发的影响

NAA/ （mg·L⁻¹）	接种数 （蒴果）/个	萌发数/个	原球茎生长情况
0	30	2 250	白色卵圆形，粒径较小，茸毛较少
0.2	30	3 156	白色至乳黄色，卵圆形，粒径较大，茸毛较多
0.5	10	3 638	白色至乳黄色，卵圆形，粒径较大，茸毛多
1	10	3 504	白色，卵圆形，粒径较小，茸毛少

三、增殖分化

以1/2MS为基本培养基。NAA、玉米素（ZT）能有效促进原球茎的增殖分化（图3-4）。当培养基中不添加NAA时，ZT浓度

图3-4　增殖培养基生长情况

从0增至4.0 mg/L，原球茎增殖倍数由1.3倍增加至2.9倍。在未添加ZT的培养基中，NAA浓度由0增至0.5 mg/L时，原球茎增殖倍数由1.3倍增加至2.2倍，但是当NAA浓度继续增至1.0 mg/L时，原球茎增殖倍数降至1.8倍（表3-4）。二者结合，以NAA 0.2 mg/L、ZT 3.0 mg/L组合时，增殖倍数最高，达到7.4倍。因此，原球茎增殖分化最佳培养基为1/2MS+NAA 0.2 mg/L+ZT 3.0 mg/L。

表3-4　NAA、ZT浓度对原球茎增殖的影响

ZT/（mg·L^{-1}）	NAA/（mg·L^{-1}）	接种数/个	增殖芽数/个	增殖倍数
0	0	20	26	1.3
1	0	20	34	1.7
2	0	20	42	2.1
3	0	20	48	2.4
4	0	20	57	2.9
0	0.2	20	33	1.7
1	0.2	20	89	4.5
2	0.2	20	102	5.1
3	0.2	20	148	7.4
4	0.2	20	130	6.5
0	0.5	20	44	2.2
1	0.5	20	89	4.5
2	0.5	20	109	5.5
3	0.5	20	123	6.2
4	0.5	20	97	4.9
0	1	20	36	1.8
1	1	20	86	4.3

续表

ZT/（mg·L⁻¹）	NAA/（mg·L⁻¹）	接种数/个	增殖芽数/个	增殖倍数
2	1	20	98	4.9
3	1	20	87	4.4
4	1	20	82	4.1

四、生根培养

NAA、6-苄基嘌呤（6-BA）能明显促进生根（图3-5）。在培养基未添加NAA的情况下，6-BA浓度由0增至3.0 mg/L时，生根率由3.1%提高至51.2%。在培养基未添加6-BA的情况下，NAA的浓度由0增至0.2 mg/L时，生根率由3.1%增至68.7%（表3-5）。在NAA、6-BA共同作用下，其浓度分别为0.1 mg/L、2.0 mg/L时，生根率最高，达93.7%。因此，生根最佳培养基为1/2MS+NAA 0.1 mg/L+6-BA 2.0 mg/L。

图3-5　生根情况

表3-5 NAA、6-BA对生根的影响

NAA/（mg·L^{-1}）	6-BA/（mg·L^{-1}）	接种数/个	60天生根率/%
0	0	20	3.1
0	0.5	20	30.5
0	1	20	32.3
0	2	20	45.3
0	3	20	51.2
0.1	0	20	5.7
0.1	0.5	20	39.8
0.1	1	20	53.8
0.1	2	20	93.7
0.1	3	20	85.1
0.2	0	20	68.7
0.2	0.5	20	73.5
0.2	1	20	81.2
0.2	2	20	83.6
0.2	3	20	84.7

五、炼苗与移栽

　　将长有2个根茎和2片小叶的瓶苗放在室温条件下炼苗7天，拧松培养瓶盖，再在室温条件下炼苗14天，打开培养瓶盖在室温阴凉条件下炼苗7天（图3-6）。取出小苗，将根茎清洗干净后，放在阴凉处晾1天，栽种至基质中（有机土、沙子、蛭石体积比为1∶1∶1）。移栽苗于温室大棚培养，60天后栽苗成活率可达78.4%。

移栽苗

移栽 1 个月后

移栽2个月后

图3-6 组培苗移栽情况

第四章
橙黄玉凤花无土栽培

　　无土栽培是指不用天然土壤，而用营养液或固体基质加营养液栽培作物的方法。用固体基质或者营养液代替天然土壤，可以向植物提供良好的根际环境条件（如水、肥、气、温），使其顺利完成整个生命周期。相比于土壤栽培，此法能够使植物长势强、产量高、品质好。有机基质无土栽培技术自20世纪90年代以来在我国逐步得到广泛应用。随着设施园艺的迅速发展，无土栽培的面积不断扩大，对于作为栽培基础的代用基质材料的研究也日益受到重视。

　　目前无土栽培基质愈加重视资源的无公害和再利用的开发，陶粒、珍珠岩、炉渣、岩棉、菌渣、朽木屑、水苔、树皮、椰糠、花生壳等可再生、无公害的基质广泛应用于生产中。

　　为了保护和利用橙黄玉凤花资源，我们开展了人工栽培基质研究，探寻人工栽培橙黄玉凤花最佳生长的栽培基质。

　　选择粗纤维泥炭土、细纤维泥炭土、金黄蛭石、火烧土红兰石、松树皮、天然红火山石、烧制兰石等7种基质，按照不同配比配成8种栽培基质（表4-1），每种基质栽培30株橙黄玉凤花组培苗，栽植在方形育苗盆中，育苗盆规格为7 cm × 7 cm × 8 cm，材质无有害化学反应。

表4-1　混合栽培基质配比

编号	基质配比种类	比例（体积比）
1	粗纤维泥炭土（0～70 mm）+金黄蛭石	1：1
2	细纤维泥炭土（0～6 mm）+金黄蛭石	1：1
3	火烧土红兰石（6～12 mm）+松树皮+粗纤维泥炭土（0～70 mm）	1：1：1
4	火烧土红兰石（6～12 mm）+松树皮+细纤维泥炭土（0～6 mm）	2：1：1
5	烧制兰石（3～6 mm）+细纤维泥炭土（0～6 mm）+松树皮	4：2：1
6	金黄蛭石+细纤维泥炭土（0～6 mm）+烧制兰石（3～6 mm）	1：1：1
7	金黄蛭石+细纤维泥炭土（0～6 mm）+天然红火山石（6～12 mm）	1：1：1
8	金黄蛭石+细纤维泥炭土（0～6 mm）+松树皮	1：1：1

注：本次试验采用2种不同粒径的泥炭土。

采用盆栽方式，将混合基质装到盆的约2/3处，将橙黄玉凤花的幼苗浅埋入育苗盆中，填入基质到离盆口2 cm处，然后轻轻拍打盆缘使基质与根系密切结合，并以基质上方露出头为宜。栽于温室大棚中，正常浇水养护。

栽培前与栽培60天后分别用表格记录每种基质处理下植株生长情况、成活植株数量，用直尺测量并记录每个处理植株叶长、叶宽、株高。试验数据采用Microsoft Excel 2003软件进行数据处理与分析。

一、不同基质下橙黄玉凤花的成活率

经过60天的培养，橙黄玉凤花的成活率见表4-2。在基质3中植株成活率最高，达93.3%，基质4（火烧土红兰石+松树皮+细纤维泥炭土）的成活率为90.0%，次之。在基质7、基质8中成活植株均出现叶片黄化、弯曲等现象，成活率低。基质8的成活率最低为43.3%，基质7为46.7%。

表4-2　橙黄玉凤花在不同栽培基质下的成活率

基质编号	成活株数/株	总苗数/株	成活率/%
1	21		70.0
2	18		70.0
3	28		93.3
4	27		90.0
5	17	30	56.7
6	16		53.3
7	14		46.7
8	13		43.3

二、不同基质下橙黄玉凤花的叶片外观

由表4-3可以看出，培养到60天后，基质3和基质4叶色正常，有光泽，符合植株健康生长的需要。基质8植株叶色正常，但是无光泽，说明能满足植株生长，但是不能提供足够的养分。基质1和基质2出现叶色偏黄，有少许黑点，有焦尖的现象，说明植株在这种基质中生长虚弱，容易感染病毒。基质5甚至出现了叶色焦黑、明显枯萎的症状，说明基质不适合植株生长。基质6和基质7出现叶边缘偏黄，有焦尖的现象，说明该基质不能提供植株正常生长所需的养分。

表4-3　橙黄玉凤花的叶片外观

基质编号	叶色及叶片情况
1	叶色偏黄，有少许黑点，有焦尖
2	叶色偏黄，有少许黑点，有焦尖
3	叶色正常，有光泽
4	叶色正常，有光泽
5	叶色焦黑，明显枯萎
6	叶边缘偏黄，有焦尖
7	叶边缘偏黄，有焦尖
8	叶色正常，无光泽

三、不同基质下橙黄玉凤花的生长情况

培养到60天，通过对橙黄玉凤花平均叶长和叶宽的测量，基于对橙黄玉凤花不同基质处理下平均叶长和叶宽数据的综合分析（表4-4）。我们发现基质5和基质3条件下的橙黄玉凤花的平均叶长和叶宽均较小，且低于其他基质的平均值，表明这两种基质未能有效地促进橙黄玉凤花的生长和发育。

表4-4　橙黄玉凤花的叶片形态指标测定

基质编号	平均叶长/cm	平均叶宽/cm
1	0.856	2.333
2	0.517	2.056
3	0.628	2.333
4	0.589	2.500
5	0.644	2.278
6	0.789	2.278
7	0.822	2.333
8	0.661	2.389

基质1和基质7条件下橙黄玉凤花的平均叶长和平均叶宽明显较大，并且高于其他基质的平均值，表明这两种基质能够提供更为优越的营养和水分环境，有利于橙黄玉凤花的正常生长。

基质8的条件下，橙黄玉凤花的平均叶长和叶宽均较小，低于其他基质的平均值，而且叶片也出现了明显的枯萎现象，表明基质8并不适合橙黄玉凤花的生长。

对于基质3和基质4的条件，橙黄玉凤花的平均叶长和叶宽相对较大，高于其他基质的平均值，但稍低于基质6和基质7的平均值，表明基质3和基质4能够为橙黄玉凤花提供较好的营养和水分，但与基质6和基质7相比，仍有改进的空间。

此外，基质2的条件下，橙黄玉凤花的平均叶长和叶宽相对较小，且叶片外观也缺乏光泽，表明基质2无法满足橙黄玉凤花的生长需求。

综上所述，基质1和基质7可作为较理想的选择，因其能够为橙黄玉凤花提供良好的营养和水分环境。也就是说，栽培基质：粗纤维泥炭土（0～70 mm）+金黄蛭石（1∶1）和金黄蛭石+细纤维泥炭土（0～6 mm）+天然红火山石6～12mm（1∶1∶1）为最适合橙黄玉凤花无土栽培的人工基质（图4-1）。橙黄玉凤花需要粒径相

对较大及透气性好的栽培基质，并需要一定量的微量元素（金黄蛭石、天然红火山石都含有一定的微量元素）来促进其生长。

基质1和基质7中植株的生长状况

基质1和基质7栽培14个月后植株开花

图4-1　橙黄玉凤花人工栽培情况

第五章
橙黄玉凤花根部真菌的分离和鉴定

　　兰科植物与真菌共生形成的菌根也因其独特的特征而被单独划分一种特定类型，归属于内生菌根。兰科菌根真菌与其他类型的菌根真菌相比具有显著差异，它们的斑块化非常明显，且在地下生态系统中很少与其他类型的菌根真菌重叠。了解野生兰科菌根共生真菌的种类，将有助于恢复橙黄玉凤花野外种群和改进人工栽培。

一、菌根的形态鉴定结果

　　将野生橙黄玉凤花的根在流水下冲洗干净，选取形成菌根的新生营养根，徒手切片，用乳酸石炭酸棉蓝染色，在显微镜下可清楚地看到根切片皮层中大量的菌丝团，轻轻刮到无菌水里可明显看到单个菌丝团。

二、菌 落 形 态

　　用6株橙黄玉凤花的菌根进行组织分离，共得到菌根内生菌14株。菌落形态多样性好，如图5-1所示。可见菌落较干燥，中间与边缘不一致，正反面颜色常不一致，个别菌落产生黑色、褐色或紫色的色素，体现出菌落的形态多样性。

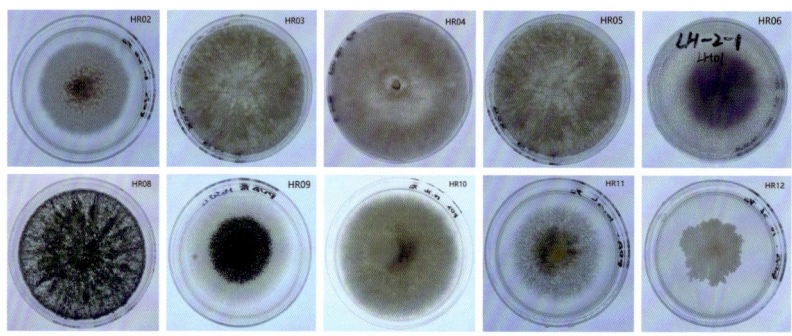

图5-1　分离自橙黄玉凤花的几株内生真菌的菌落形态

三、个 体 形 态

　　用胶带粘片法棉兰染色观察上述6株菌的形态，分别为（HR01、HR02、HR03、HR04、HR05、HR06），如图5-2所示。可见它们的菌丝都较为丰富，个别真菌有明显的孢子。

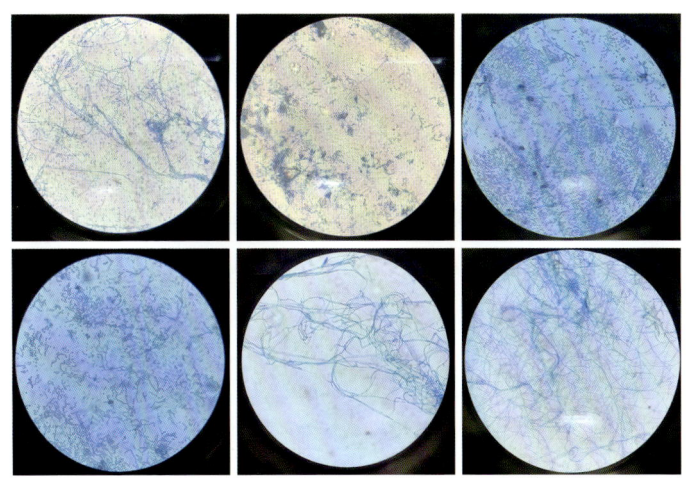

图5-2　几株菌根内生真菌的显微形态特征

四、菌种的分子鉴定结果

　　将分离纯化的橙黄玉凤花的菌根内生菌分子进行鉴定，橙黄玉凤花共生菌真菌类属有5个，分别为HR02、HR08、HR09、HR14的 *Aspergillus*（曲霉属），HR03、HR10和HR13的 *Rhizoctonia*（丝核菌属），HR07的 *Cladosporium*（枝孢属），HR11的 *Fusarium*（镰刀菌属），HR04的 *Amylostereum*（淀粉韧革菌科真菌）（表5-1）。

表5-1　橙黄玉凤花共生菌菌种的分子鉴定结果

菌株	引物对	属	参考物种名称	序列相似性/%
HR01	16S rDNA	*Bacillus*	*Bacillus velezensis*	100.00
HR02	ITS1–5.8S–ITS2	*Aspergillus*	*Aspergillus assiutensis*	100.00
HR03	ITS1–5.8S–ITS2	*Rhizoctonia*	*Rhizoctonia solani*	94.94
HR04	ITS1–5.8S–ITS2	*Amylostereum*	*Amylostereum areolatum*	90.91*
HR05	16S rDNA	*Serratia*	*Serratia marcescens*	100.00
HR07	ITS1–5.8S–ITS2	*Cladosporium*	*Cladosporium sphaerospermum*	100.00
HR08	ITS1–5.8S–ITS2	*Aspergillus*	*Aspergillus assiutensis*	100.00
HR09	ITS1–5.8S–ITS2	*Aspergillus*	*Aspergillus japonicus*	100.00
HR10	ITS1–5.8S–ITS2	*Rhizoctonia*	*Rhizoctonia solani*	90.59*
HR11	ITS1–5.8S–ITS2	*Fusarium*	*Fusarium falciforme*	100.00
HR13	ITS1–5.8S–ITS2	*Rhizoctonia*	*Rhizoctonia solani*	90.59*
HR14	ITS1–5.8S–ITS2	*Aspergillus*	*Aspergillus assiutensis*	100.00

注：*表示该序列有杂峰，结果不可靠。

第六章
橙黄玉凤花根部真菌对幼苗生长的影响

　　真菌所合成的维生素和生长素足以满足兰科植物幼苗的生长发育需求。在真菌和兰科植物之间的相互作用中，维生素类物质的交换是非常重要的。澳大利亚已完成了菌丸、菌剂生产的工业化技术研究。一些公司利用筛选出的优良菌株生产菌剂，并在生产和应用中取得了巨大的经济效益。

　　共生真菌合成的次生代谢产物具有促进药用兰科植物生长和防御的功能。加强珍稀濒危的野生兰科菌根真菌的研究工作，对于保护兰科植物野生资源、保存物种和遗传多样性、开展科学研究、满足市场需求及维护生物多样性都具有极其重要的意义。

　　本章将从野生橙黄玉凤花中分离出来的多种真菌，分别与橙黄玉凤花无菌幼苗共同培养，使它们形成共生关系。通过观察幼苗的生长与生理指标，以判断该真菌是否具有促进橙黄玉凤花生长发育的能力及效果。

　　选取生长旺盛、长势较为一致的无菌幼苗作为接种材料。栽培基质为有机土、沙子、蛭石体积比为1∶1∶1。分离得到的HR02、HR03、HR05、HR06、HR08、HR09、HR10、HR11、HR12、HR13、HR14共11株橙黄玉凤花菌根真菌。

　　采用完全随机设计，每10株无菌组培苗为一组，并进行编号，每组分别接种菌剂。每株无菌组培苗接种5 mL菌剂，每隔15天施加1次菌剂，施加3次。设置不添加菌剂处理的10株无菌组培苗为对照组。共生培养60天后，统计植株生长期形态指标，进行比对。采用SPSS 24.0统计软件进行数据分析。

一、橙黄玉凤花幼苗形态观察

　　橙黄玉凤花无菌幼苗与真菌经过60天共同培养后，有些植株的叶子生理状态不佳，有发皱、下垂、软塌等萎蔫状态，甚至有叶尖发干枯黄、腐烂等现象（图6-1）。有些植株茎高和叶长有明显增加的现象。这表明不同的真菌对植物生长的影响可能存在差异，一些真菌可能具有促进植物开花和结果的能力。

图6-1　培养60天后橙黄玉凤花幼苗的形态

二、橙黄玉凤花幼苗生长期指标综合分析

经过60天的共生培养，通过测量橙黄玉凤花的株高、叶长和叶宽等数据，经过统计学分析（表6-1）可以看出，菌株HR02和菌株HR11表现出了较好的促进作用，能够显著地提高橙黄玉凤花的生长率；HR03、HR08、HR10菌株对橙黄玉凤花幼苗的生长发育有一定程度的促进作用；HR05、HR06、HR09、HR12菌株对橙黄玉凤花幼苗生长发育无促进作用。接种HR13和HR14菌株的橙黄玉凤花幼苗死亡。

表6-1　橙黄玉凤花菌根真菌对橙黄玉凤花无菌幼苗生长的影响

菌株	平均株高/cm	平均叶宽/cm	平均叶长/cm	60天平均株高/cm	60天平均叶宽/cm	60天平均叶长/cm	增高率/%	叶增宽率/%
CK	0.93	0.82	3.60	0.96	0.94	4.26	3.28b	16.34B
HR02	0.90	0.84	3.54	1.12	1.08	1.08	24.40a	40.00A
HR03	1.00	0.94	3.89	1.04	1.05	1.05	3.98b	11.67B
HR05	0.97	0.75	3.30	1.00	0.83	0.83	3.02b	10.91B
HR06	0.87	0.76	3.43	0.89	0.84	0.84	2.30b	11.63B
HR08	1.03	0.71	3.44	1.08	0.82	0.82	4.80b	16.00B
HR09	0.90	0.77	3.19	0.82	0.86	0.86	2.50b	11.12B
HR10	0.80	0.78	3.26	0.83	0.91	0.91	3.81b	16.76B
HR11	0.93	0.80	3.38	0.99	0.96	0.96	6.40b	20.02B
HR12	0.90	0.78	3.25	0.92	0.87	0.87	2.19b	12.45B
HR13	1.10	0.93	3.82	1.11	0.96	3.93	0.91b	3.32B
HR14	1.21	0.78	3.37	1.22	0.81	3.49	0.83b	2.62B

注：用相同字母标记的数字表示在 $p = 0.05$ 水平上差异不显著。

三、橙黄玉凤花内生真菌对幼苗生长的总体评价

菌株不同程度地促进橙黄玉凤花幼苗生长的分别为HR02、HR03、HR08、HR10、HR11菌株，其中HR02和HR11菌株对橙黄玉凤花幼苗生长发育的促进效果较为明显。HR05、HR06、HR09、HR12菌株对橙黄玉凤花幼苗的生长发育无促进作用。HR13和HR14菌株对橙黄玉凤花幼苗的生长发育有一定的抑制作用。

对同属于兰科玉凤花属的鹅毛玉凤花幼苗，在促进生长方面起作用的是兰科丝核菌类，本研究中HR03、HR10属于丝核菌类，对橙黄玉凤花幼苗生长有一定的促进作用。HR13也属于丝核菌类，却能导致橙黄玉凤花幼苗死亡。

对橙黄玉凤花幼苗生长发育的促进效果较为明显的菌根真菌HR02和HR11分别属于*Aspergillus*（曲霉属）和*Fusarium*（镰刀菌属）。

*Aspergillus*是与扇脉杓兰共生的典型菌根真菌类群的优势属。镰刀菌（*Fusarium* sp.）易引起国兰根腐病，但是对橙黄玉凤花为非致病菌，不会导致植物生病，甚至对植物的生长发育还有一定促进作用。

第七章
橙黄玉凤花优质高效栽培技术

一、选地与整地

橙黄玉凤花栽培需选择生态条件良好、水源清洁、排水良好、立地开阔、通风的平地或山地。要求周围5 km内无工业厂矿、无"三废"污染、无垃圾场等其他污染源。可采用设施栽培和林下栽培模式。

1. 设施栽培

以大棚设施栽培为宜。栽培基质：粗纤维泥炭土（0～70 mm）+金黄蛭石（1∶1）和金黄蛭石+细纤维泥炭土（0～6 mm）+天然红火山石（6～12 mm）（1∶1∶1）。基质在使用前用0.5%高锰酸钾溶液消毒。基质厚度为10～15 cm。

配备双层内外遮阳网、风机水能降温系统、加温设施及微喷灌系统等设备，控制棚内适宜温度为15～28 ℃，空气湿度为65%～85%，光照强度在1 800～8 000 lx。在高温季节，应用水帘、风机、遮阳网、外喷雾和内循环风机等设施进行人工调节；低温季节，用二道膜等措施进行防冻保温。

2. 林下栽培

以郁闭度为0.7～0.8的阔叶林或竹林为宜，配备相应的鸟兽防护设施、农业环境监测记录仪器等。对选取的场地进行平整，去除大石块、树枝。开沟做畦，畦宽120～140 cm、高15～20 cm，长度根据地块而定。开好畦沟、围沟，以雨后地块无积水为宜。

二、种　　苗

将组培瓶苗移放于栽培环境相近的场地，进行驯化炼苗21～28天；然后往瓶内灌入少量清水，轻轻取出组培苗，用清水洗净植株基部的培养基后，用于栽培的苗应该生长健康、无污染、无烂茎、无烂根。

三、移　　栽

栽培基质在使用前用0.5%高锰酸钾消毒后，按照每亩（亩为非法定计量单位，1亩=1/15 hm^2≈666.67 m^2）1 000～15 000 kg的量拌入腐熟牛粪或羊粪。种植前将苗根部放入橙黄玉凤花内生真菌HR02和HR11的混合菌液中浸泡15～30分钟，然后移栽到基质中。广东每年11—12月，天气渐凉，日平均温度降至25 ℃时，开始移栽。按照5 cm×5 cm株行距栽种。移栽时宜浅忌深，种植时可将根茎埋入土中，以移栽浇足定根水后，种植苗微露出芦头为宜（图7-1）。

图7-1　移栽后种苗微露出芦头

四、田间管理

1. 间苗与补苗

栽种后10天左右，选择阴天进行间苗和补苗，间苗时留优去劣，发现缺苗时及时补栽。补苗宜早不宜晚，补苗后要及时浇水，以利于幼苗成活。

2. 光照

橙黄玉凤花属耐阴植物，喜欢散射光短时照射。设施栽培时，阴天遮盖一层遮阳网，晴天加盖一层遮阳网。5—10月在大棚顶上和东西两侧太阳照射到的地方采用内层遮光率为80%、外层遮光率为95%的遮阳网遮阴，其他时间用外层遮光率为95%的遮阳网遮阴。

3. 温度与湿度

大棚栽培时，冬季温度维持在15～22 ℃，相对空气湿度60%～80%；春季温度维持在20～25 ℃，相对空气湿度50%～70%；夏季温度维持在25～28 ℃，相对空气湿度50%～90%。林下种植，如遇到持续低温，应盖紧塑料薄膜进行保温。林下种植应选择通风阴凉处，四周有沟谷为佳，通过沟谷流水降温。

4. 施肥

在施足基肥的情况下，还需要合理追肥。施肥应掌握薄施勤施的原则。在栽种30天后，喷洒叶面肥1 000倍液1次。每隔15～20天喷施1次，采收前20天停止施肥。

5. 除草

及时拔除杂草和清除枯枝落叶。夏季高温季节不宜除草，以免影响正常生长。

第八章
橙黄玉凤花病虫害防治

一、主要病害防治

主要病害有茎腐病、软腐病、炭疽病等。

1. 茎腐病

由镰刀菌从茎基部侵染引起，病菌由表皮、根毛或根茎侵入茎基部。发病时植株茎部出现黄褐色水渍状病斑，很快发展至绕茎一周，病部组织腐烂干枯溢缩呈线状。病势发展迅速，幼苗迅速倒伏死亡，出现猝倒现象。

防治方法｜可用50%多菌灵可湿性粉剂+50%福美双可湿性粉剂1 000倍液或30%甲霜·噁霉灵水剂800倍液喷雾防治。一般每隔7天喷1次，连续喷2～3次。

2. 软腐病

由软腐病文氏菌黑茎病变种引起，主要通过昆虫、雨水、农具等造成的伤口和植株叶片的水孔、气孔侵染。发病初期叶片表面出现黑褐色斑点，犹如水渍状，继而扩大，危及整张叶片，使叶片迅速出现软腐，有明显汁液流出，最后造成植株死亡。

防治方法｜可用70%农用链霉素可溶性粉剂3 000～4 000倍液、30%甲霜·噁霉灵水剂800倍液喷雾防治。一般每隔7～10天喷1次，连喷2～3次。

3. 炭疽病

由炭疽菌引起，主要为害叶片（图8-1）。发病初期在叶尖、叶缘上产生淡褐色凹陷和小斑点，以后斑点逐渐扩大呈圆形或融合成不规则的病斑。病斑外缘呈黑褐色，中间灰褐色，其中轮生有黑褐色或粉红色同心圆状小点，可见明显的轮纹，严重时病斑中间干枯坏死，呈现坏疽脱落穿孔的现象。

防治方法 | 此病以预防为主，可用1%半量式波尔多液预防。发病叶片要及时剪除，并烧毁。用50%福美双可湿性粉剂1 000倍液、1：200倍波尔多液进行保护。病害发生后，可用50%多菌灵可湿性粉剂或50%甲基托布津可湿性粉剂1 000倍液，每7～10天喷1次，共喷2～3次。发病初期用枯草芽孢杆菌，每亩用100～300 g对水40～60 kg喷雾。

图8-1　炭疽病为害

二、主要虫害防治

主要虫害有蜗牛和蛞蝓、螨类、蛾蝶类、粉虱、蝼蛄和小地老虎、蛴螬等。

1. 蜗牛和蛞蝓

在整个生长期都可为害，常咬食嫩芽、嫩叶。一般白天潜伏于阴处，夜间爬出活动为害，雨天为害较重。

防治方法 | ①用菜叶或青草加入毒饵诱杀，即用50%辛硫磷乳油0.5 kg加鲜草50 kg拌湿，于傍晚撒在田间四周或沟边诱杀。②在畦四周撒石灰或6%四聚乙醛颗粒剂拌细沙撒施，防止蜗牛或蛞蝓爬入畦内为害。

2. 螨类

红蜘蛛等螨类以成虫和若虫吸取叶片上的汁液，造成被害叶面出现黄色小点，严重时变黄焦枯，直至脱落，植株枯死。

防治方法 | 可用0.5%阿维·哒螨灵3 000倍液或20%甲氰菊酯乳油2 000倍液进行喷雾。

3. 蛾蝶类

蛾蝶类害虫是指蛾蝶等（图8-2）昆虫的幼虫会啃食叶片，造成植物叶片凋萎、发黄、枯萎、生长不良等症状。

防治方法 | ①拟除虫菊酯类：拟除虫菊酯类农药具有快速、高

效的特点，能够迅速杀死蛾蝶类害虫幼虫，同时对非靶标昆虫的环境具有友好性。②有机磷类：有机磷类农药具有较强的穿透力，能够快速进入作物内部，与酯酶结合后抑制害虫神经系统的酯酶活性，从而达到杀虫的效果。③三嗪类：三嗪类农药通过干扰害虫幼虫的酰胺酸合成过程，致使害虫幼虫不能正常生长发育，从而达到杀虫的效果。

利用杀虫灯、性诱剂等诱杀成虫。及时摘除卵块或初孵幼虫群集的"纱窗叶"。在幼虫低龄期（3龄前），可用苏云金杆菌可湿性粉剂250～400 g对水45～75 kg均匀喷雾；或用球孢白僵菌，每亩25～30 g。幼虫常在夜间为害，故施药宜在傍晚。

图8-2　刺蛾类为害

4. 粉虱

主要通过刺吸植物汁液形成枯焦斑点或斑块，引起黄叶或枯死，导致植株生长退缩。夏季、秋季为害严重。

防治方法 | ①喷洒20%菊马乳油1 000～1 200倍液进行防治。②用10%吡虫啉可湿性粉剂4 000～6 000倍液防治。③悬挂黄色粘虫板（图8-3）。

图8-3　悬挂黄色粘虫板

5. 蝼蛄和小地老虎

地下害虫主要是蝼蛄和小地老虎。蝼蛄在土中咬食幼苗根茎，呈乱麻状断头，造成幼苗死亡。小地老虎3龄前幼虫取食橙黄玉凤花的心叶，使叶片出现小刻口或呈网孔状，3龄后幼虫将幼苗近地面的嫩茎咬断，造成缺苗断垄。

防治方法｜①按照糖、醋、酒、水比例为3∶4∶1∶2配制糖醋液，糖醋液中加入少量乐斯本，装进诱杀盆，白天盖好，晚上掀起诱杀。②用黑光灯诱杀成虫。灯下放置盛虫的容器，内装适量的水，水中滴入少量煤油。

6. 蛴螬

主要为害植株根部，咬断幼苗或咬食根茎，造成断苗缺垄，根茎残缺、染菌腐烂。春季、秋季为害严重。

防治方法｜①用黑光灯诱杀成虫。灯下放置盛虫的容器，内装适量的水，水中滴入少量煤油。②可用蛴螬专用型白僵菌1.5～2 kg与15～25 kg细土拌匀，根部施用，防治害虫。

参 考 文 献

陈谦海，2004. 贵州植物志 [M]. 贵阳：贵州科技出版社.

陈娅娅，毛堂芬，李奇科，等，2008. 药用植物鹅毛玉凤花胚培养的研究 [J]. 种子，27（2）：89-106.

陈娅娅，杨琳，刘作易，2011. 菌根真菌与鹅毛玉凤花种子共生萌发研究 [J]. 种子，30（4）：90-94.

郭世荣，2003. 无土栽培学 [M]. 北京：中国农业出版社.

国家中医药管理局《中华本草》编委会，1999. 中华本草 [M]. 上海：上海 科学技术出版社.

江苏省植物研究所，1991. 新华本草纲要 [M]. 上海：上海科学技术出 版社.

斯金平，邵清松，俞巧仙，等，2018. 兰科重要药用植物高效栽培与利用 [M]. 北京：中国林业出版社.

郑洲翔，刘德浩，陈智涛，等，2018. 橙黄玉凤花种子萌发及小苗组培快繁研 究 [J]. 亚热带植物科学，47（3）：273-276

中国科学院中国植物志编辑委员会，1999. 中国植物志：第十七卷 [M]. 北 京：科学出版社.

LALIT GIRI, PRAVEEN DHYANI, SANDEEP RAWAT, et al., 2012. In vitro production of phenolic compounds and antioxidant activity in callus suspension cultures of *Habenaria edgeworthii*：A rare Himalayan medicinal orchid [J]. Industrial Crops and Products，39：1-6.

PIYATRAKUL P, APAVATJRUT P, 2004. Affect of pod age on seed germination of *Habenaria rhodocheila* Hance in aseptic conditions [J]. Journal of Agriculture，20（3）：230-235.